冷板式液冷

Cold Plate Liquid Cooling

中国通信标准化协会开放数据中心标准推进委员会（ODCC） 组织编写

化学工业出版社
·北京·

本书主要介绍了冷板式液冷系统内的各个子系统的技术要求，包括液冷服务器、基础设施、测试和验证、监控与控制以及运营维护等内容，对数据中心冷板式液冷系统的生产、部署和运维提供技术指导。

本书可供从事数据中心基础设施设计、建设、运维等工作的专业技术人员以及相关的高校研究人员阅读参考。

图书在版编目（CIP）数据

冷板式液冷/中国通信标准化协会开放数据中心标准推进委员会（ODCC）组织编写．—北京：化学工业出版社，2019.5（2023.1 重印）
ISBN 978-7-122-34444-1

Ⅰ.①冷…　Ⅱ.①中…　Ⅲ.①液体冷却-外部设备-研究　Ⅳ.①TP334.9

中国版本图书馆 CIP 数据核字（2019）第 083810 号

责任编辑：王　斌　冯国庆　　　　装帧设计：王晓宇
责任校对：边　涛

出版发行：化学工业出版社（北京市东城区青年湖南街 13 号　邮政编码 100011）
印　　装：北京新华印刷有限公司
880mm×1230mm　1/32　印张 3　字数 48 千字
2023 年 1 月北京第 1 版第 2 次印刷

购书咨询：010-64518888　　售后服务：010-64518899
网　　址：http://www.cip.com.cn
凡购买本书，如有缺损质量问题，本社销售中心负责调换。

定　　价：86.00 元　

指导单位：中国通信标准化协会开放数据中心标准推进委员会（ODCC）

顾问委员会：何宝宏、张炳华、朱华、杨明川、胡湘涛

编写委员会：

北京三快在线科技有限公司（美团点评）：王中平、范振国

深圳市腾讯计算机系统有限公司：梁旭飞、梅方义

中国信息通信研究院：李洁、郭亮、谢丽娜

百度在线网络技术（北京）有限公司：唐虎、雒志明

阿里巴巴（中国）有限公司：钟杨帆、任华华、刘向东

京东云计算有限公司：谷长城、王强

中国电信战略与创新研究院：王峰、赵继壮

北京达佳互联信息技术有限公司（快手）：贾宜彬、王晓宇、李蓓

华为技术有限公司：孙晓光

浪潮电子信息产业股份有限公司：范志超、李钟勇、殷飞平

英业达科技有限公司：项品义、薛冬锐

天云数据中心科技有限公司：丁宇泽、宁海峰

联想（北京）信息技术有限公司：田婷、高稳昌

中兴通讯股份有限公司：刘帆、李帅

新华三技术有限公司：陈立波、万晓兰

曙光节能技术（北京）股份有限公司：崔新涛

3M 中国有限公司：蓝滨

前言
PREFACE

业务量的扩大和计算效率的提升促使高功率密度数据中心逐渐取代低功率密度数据中心，相应的机房 IT 设备的集成度越来越高，散热需求越来越迫切，传统散热设计和设备都面临革新。如何同时兼顾高效计算和高效散热是数据中心建设要考虑的重点问题，液冷是近年里业内发展最迅速并被广泛推崇的解决方案。

目前数据中心液冷主要有冷板式、浸没式、喷淋式三种部署方式，冷板式是一种间接液冷方式，浸没式、喷淋式则是直接液冷方式。在冷板式液冷系统中，发热器件不直接接触液体，而是通过装有液体的冷板（通常为铜、铝等导热金属构成的封闭腔体）来导热，然后通过液体循环带走热量。由于服务器芯片等发热器件不用直接接触液体，所以该系统不需对整套机房设备进行重新改造设计，可操作性更强，因此冷板式液冷也是三种液冷方式中成熟度最高、应用最广泛的。

但是，液冷相对于传统数据中心部署方式来说仍是一个巨大创新和革命，IT 设备等硬件的变革更是需要大量人力和物力的投入，对它的使用、运营和维护也需要采取与传统数据中心截然不同的方式，部署和使用液冷技术需要依靠更多的标准化要求进行规范。

由于编者水平有限，书中不足之处在所难免，希望广大读者批评指正。

编者

目 录
CONTENTS

1

范围

本书规定了冷板式液冷系统的液冷服务器、配套基础设施的技术指标和参数，并对其测试验证、监控和控制、运维管理等具体环节做出了方法说明，适用于冷板式液冷设计、施工、部署、运维等环节的技术指导。

2

术语、定义和缩略语

2.1 术语和定义

2.1.1 液冷

一种采用液体带走发热器件热量的数据中心制冷方式，适用于需提高计算能力、能源效率、部署密度等应用场合。

2.1.2 冷板式液冷

通过冷板（通常为铜铝等导热金属构成的封闭腔体）将发热器件的热量间接传递给封闭在循环管路中的冷却液体，通过冷却液体将热量带走的一种形式。

2.1.3 液冷机柜

提供冷却液体进出，针对电子设备进行冷却的装置。

2.1.4 CDU

英文全称为 Coolant Distribution Unit，即冷量分配单元，是指用于进行液冷电子设备间的冷却液体分配的系统，提供二次侧流量分配、压力控制、物理隔离、防凝露等功能。

2.1.5 冷源装置

用于将液体回路的热量带出到室外大气中的装置，一般放置在建筑物的室外。

2.1.6 一次侧循环系统

连接室外冷源装置的循环回路系统，也称 CWS Loop，属于液冷系统一次侧。

2.1.7 专用冷却液系统

连接冷量分配单元（CDU）和冷却设备之间的专用冷却液循环系统，也称 TCS Loop，属于液冷系统二次侧。

2.1.8 分集水器(Manifold)

用于连接各路加热管供回水的配、集水装置，按进、回水方式不同分为分水器和集水器。

2.1.9 快速接头

用于液冷系统中的一种不需要工具就能实现管路连通或断开的接头。

2.2 缩略语

CDU　Coolant Distribution Unit　冷量分配单元

UPS　Uninterruptible Power System　不间断电源

MTBF　Mean Time Between Failure　平均故障间隔时间

MTTR　Mean Time To Restoration　平均修复时间

3

液冷服务器

3.1 快速接头

根据插拔形式的不同，快速接头可分为盲插快速接头和非盲插快速接头，不同的液冷方式，根据实际需求，选择合适的快速接头，具体指标参数见表1。

表1　快速接头指标要求

项　　目	指标参数
插入力	≤14kgf,CPC 6mm内径接头的最大插入力
接头断开时的泄漏量	<0.05mL
材料	满足和冷却液的兼容性要求,推荐材质见表2
固定方式	和管路连接,建议采用“宝塔”接头；和结构件连接,建议采用螺纹连接
承压范围	动压/静压,1.5倍工作压力,最大承压能力6.9bar
阻抗	<0.035bar(在3L/min设计流量下)
工作流体温度	0～100℃
插拔次数	>1000次，寿命周期内

注：1kgf=9.81N；1bar=10^5Pa。

表 2　冷板、管路等推荐材料

材料	说明
黄铜	
不锈钢(300 系列和 400 系列)	
铜	
镀镍	
镀铬	
聚苯硫醚(PPS)	热塑性
EPDM	软管,密封管,O 形圈
丁腈	橡胶
聚砜	
尼龙 6	
膨胀聚乙烯	泡沫
PPO,聚苯醚	热塑性
PVC	塑料
镍铬	
氟橡胶	O 形圈
聚甲醛	
润滑脂	PFPE、PTFE 等
钎焊材料	BCuP-2,3,4,5、TF-H600F 等

液冷快速接头需满足可维护性、可靠性、流阻性能等多方面的需求：

① 需满足免工具维护的需求，可以免工具进行快速接头的断开和接合；

② 需满足连接与断开中冷却液的泄漏不影响维护过程以及对服务器和机柜不会造成不良影响；

③ 需满足和冷却液的材料兼容要求；

④ 需满足发生故障并需要更换时，能方便更换的要求；

⑤ 需满足液冷系统的阻抗要求，在指定流量范围内，阻抗应尽可能低，有利于降低液冷系统的能耗。

3.2 液冷机柜

3.2.1 机柜

提供常规机柜功能的同时，需满足集分水器、管路以及其他配件安装固定的需求，宜具备下列要求：

① 建议为标准机柜，尺寸宜为 600mm（宽）×1200mm（深）×2100mm（高）；

② 分集水器（Manifold）锁附于机柜前侧或后侧，推荐在后侧；

③ 上进水，机柜上层配开孔挡板；下进水，机架底部和地板需留对应开口。

3.2.2 集分水器

① 对于分布式（嵌入式）CDU 布局，CDU 布局在机柜内部，机柜进出水管连通的是 CDU 的一次侧循环；CDU 的二次侧循环是由集分水器以及服务器冷板构成的冷却液循环，冷却液从 CDU 出来，首先进入进水侧集分水器，然后被“均匀”地分配给各个冷板，经过冷板后冷却液被汇总至回水侧集分水器，最后返回至 CDU。

② 对于集中式 CDU 布局，冷却液通过进水管路进入液冷机柜后，首先进入进水侧集分水器，然后被“均匀”地分配给各个冷板，经过冷板后冷却液被汇总至回水侧集分水器，最后通过回水管路流出机柜。

③ 为了保证各支路流量均匀，需尽可能降低流阻，每个支路的流阻差异不能超过 10％的支路流阻，并应尽可能使用大通径集分水器，从而保证内部冷却液的流速低于 1.5m/s。

3.2.3 其他配件

不属于液冷机柜的必配件，如排气阀、电磁阀、用于排液的单向阀、积水盘等，可根据实际液冷机柜需求进行设计。

3.3 服务器

3.3.1 液冷系统的能效评价

液冷占比是指液冷系统中直接通过冷却液带走的热量（功耗）与系统总功耗的比值。

液冷占比体现了液冷系统直接利用液体冷却带走热量的效率，液冷占比越高，冷却效率越高，推荐采用高液冷占比的系统提升能源利用效率。

液冷占比计算公式如下。

$$\mathrm{LPE}=P_{\mathrm{L}}/P_{0}$$

式中　LPE——Liquid Performance Efficiency，即液冷性

能效率，简称液冷占比；

P_L——直接液冷功耗，为直接由液冷带走的冷却功耗；

P_0——系统总功耗，包含直接液冷功耗和风冷功耗两部分。

建议液冷性能效率≥60%，风冷具备10%的余量覆盖。

3.3.2 冷板

① 冷板之间可以直接通过软管或硬管进行连接，需充分考虑连接的可靠性以及整体冷板的应力。

a.使用软管连接，一般不存在连接应力问题，但是需要保证连接的可靠性，一般会采用“宝塔”接头，可通过过盈连接或者增加卡箍的方式保证连接可靠性。

b.使用硬管连接，连接可靠性较好，但是容易出现连接应力问题，需设计缓冲区来加以解决。

② 冷板的设计需要考虑可维护性，对于内存等易维护部件，建议做到免工具维护。

③ 冷板的对外管路接头为快速接头，不同的液冷系统，可选择盲插接头和非盲插接头。

冷板指标要求见表3。

表 3　冷板指标要求

项目	指标参数	备　　注
流量	0.3～2L/min	
流速	＜2m/s	当冷却液快速流过铜或其他材料表面时，由于湍流及气泡的存在会发生冲蚀效应，流速越高，点蚀越明显
压降	≤0.8bar	液冷服务器内部在标准工况下的压差范围
外观	整体没有受损的痕迹、变形，不得存在锈斑、剥落、露底、深划痕、开裂、粉化、色差等现象	
入水温度	5～50℃（水温不能低于露点）	
材料（包括管路）	满足与冷却液的兼容性要求，推荐材料参见表 2	

注：$1bar=10^5Pa$。

4

基础设施

4.1 概括

液冷系统主要由冷源、液冷分配单元（CDU）、主循环水泵及管道组成。液冷系统可分为一次侧循环和二次侧循环，外侧为一次侧循环，冷源通过管道与液冷分配单元（CDU）连接，用于对外散热；内侧为二次侧循环，液冷服务器通过管道与液冷分配单元（CDU）连接，用于转移液冷服务器的热量。冷板液冷系统原理如图 1 所示。

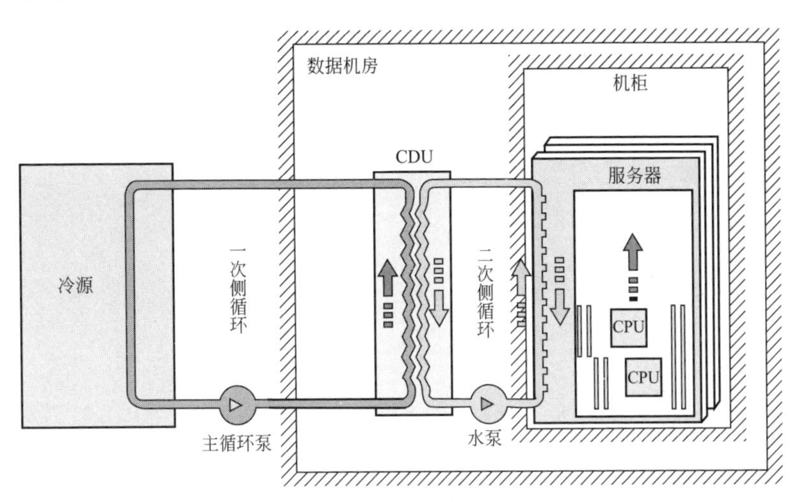

图 1　冷板液冷系统原理图

二次侧循环泵将冷却液泵入一次侧环网管路，经环网管路均匀地分配到各个服务器机柜；冷却液流经服务器节点，将热量导出后，汇流到二次侧环网管路，经CDU与一次侧冷却液完成热交换，将热量释放到一次侧冷却液中，最终通过冷源释放到外部环境中。被冷却后的冷却液回流到二次循环泵，经循环泵后重新进入二次侧环网管路，形成一个闭式的循环冷却回路。

服务器节点的热负荷变化会反映在冷却液的温度变化上，液冷系统的控制系统会根据检测到的供回液温度变化来控制CDU的换热功率变化，从而达到精确控制二次侧冷却液供液温度的要求，确保服务器供液温度在设计范围之内，并防止供液温度产生较大波动、二次侧循环回路管道凝露等问题。

4.2 冷源

根据当地气候条件、资源条件、运行成本等因素，液冷系统的冷源可选用干冷器、闭式冷却塔、冷水机组等多种形式。从技术创新的角度来看，外部冷源形式可以多种多样，例如原有建筑冷水系统、江河湖海水源冷却、地源冷却等，但需要保障系统可靠性、能效和环保等要求。

冷源的选择主要取决于室外环境温度（包括干球/湿球温度）及液冷服务器的进水温度，并需要兼顾节能方面的考虑，可以根据情况选用单一形式的冷源或两种形式的冷源结合。例如在南方长期高热高湿地区，冷源的形式既可以采用独立冷水机组的单一冷源供冷，也可以采用冷水机组＋闭式冷却塔/干冷器双冷源混合供冷的方式。

当两种冷源的介质不同时，可通过换热器隔离两个系统，满足使用侧的洁净需求。

4.2.1 干冷器

① 干冷器的选型应满足在当地极端干球温度及海拔高度条件下液冷系统散热的需要，选型逼近度建议在10℃以内；在无其他补充冷源的情况下，干冷器通常采用$N+X$模块化冗余配置（$X=1,2\cdots$）。

② 干冷器要求壳体为镀锌钢板加室外专用喷塑涂层处理，采用不锈钢螺栓，最大限度防止锈蚀。

③ 采用环氧涂层或亲水铝箔盘管，高效紧凑的叉排片型设计，波浪型翅片，增强空气扰流。

④ 可增设精细雾化喷水节能装置，显著降低夏季高负荷时的能耗，水质应做必要的防结垢处理。

4.2.2 冷却塔

4.2.2.1 冷源设备形式

① 冷却塔的选型应满足在当地极端湿球温度及海拔高度条件下液冷系统散热的需要，选型逼近度建议在5℃以内；在无其他补充冷源情况下，冷却塔通常采用 $N+X$ 模块化冗余配置（$X=1,2\cdots$）。

② 冷却塔要求设置自动和手动补水装置，并带有溢流及排污口。自动补水装置应为全铜材质，浮球阀应为原装进口产品，要求使用灵活，寿命大于5年。

③ 采用变频风机或双速风机，以最大限度匹配负荷及设计湿球温度要求。

④ 冷却塔外部循环泵电动机与风机电动机均采用全封闭形式，电动机的设置位置及形式有助于快速完成检修和维护；循环泵进水口前应设置过滤器。

⑤ 采用开式冷却塔的场合，应设置中间换热器，将冷却塔的开式回路与冷板的循环水回路隔离开，并且冷却水补水箱的容量应按照不低于12h配置。

⑥ 室外环境全年最高温度低于冷板供液温度10℃以下，可考虑采用风冷散热器。

4.2.2.2 冷却能力

① 在标准工况下，冷却塔实际冷却能力不小于设计

值的95%。非标准设计工况的冷却塔，需要特殊说明其设计工况，其实际冷却能力不应小于非标准设计工况设计值的95%。

② 冷却塔选型不低于冷板式液冷总负荷，应考虑极端天气下的湿球温度工况，应设计至少10%的富余量。

4.2.2.3 冗余设计

冷却塔应按照 $N+X$（$X=1\sim N$）冗余配置。

4.2.2.4 防冻

冷却塔关键部件、管道及循环冷却水应具有防冻措施，根据所在地区不同，应满足当地连续低温不结冰的要求。

4.2.3 冷水机组

若当地处于极端干/湿球温度及海拔高度条件下，采用干冷器或闭式冷却塔均无法完全满足液冷系统散热的需要时，可选用冷水机组作为系统单一冷源，也可以选用冷水机组作为补充冷源，在干冷器、闭式冷却塔供冷不足时，提供补充制冷，但应设置完善的切换措施。

① 冷水机组的选型可根据系统制冷量、场地情况等条件，选择风冷冷水机组或液冷冷水机组。

② 如冷水机组作为单一冷源，宜自带自然冷却功能。

③ 冷水机组具体技术规格，可根据设计情况具体确定。

4.3 主循环泵

4.3.1 基本要求

① 主循环泵为高速离心泵，提供冷却液循环运行所需动力，泵体宜采用机械密封。

② 循环泵扬程应匹配冷却塔、板式换热器、过滤器、阀门等局部阻力及沿程阻力的和，多台泵并联时应考虑附加并联损耗。

③ 系统内的主循环泵应冗余配置，泵的数量应与冷源设备数量一一对应，采用变频器控制，可变频运行。当主循环泵出现故障或不能提供额定压力或流量时，能立即发出报警信号。

④ 主循环泵的安装位置应方便检修，并注意噪声对周围环境的影响；室外安装水泵应满足控制、防雨等技术要求。

⑤ 循环水泵的选型与施工应满足国家规范的要求，水泵及泵送系统的设计应考虑节能性、可靠性与冗余度。

4.3.2 性能要求

4.3.2.1 节能性

① 循环水泵应选用变频水泵、高效电动机。

② 循环水泵 $N+1$ 以上配置的，正常负荷下电动机应运行在最佳效率区间内。

③ 循环水泵应具有高可靠性。

4.3.2.2 冗余度

① 循环水泵应设置冗余。

② 循环水泵采用“一用一备”配置的，当主水泵出现故障停机时，备用水泵能无缝启动且以主水泵之前的运行频率继续运行。

③ 二次侧循环水泵可集成于CDU中。

④ 冷却塔采用 $N+X$（$X=1\sim N$）配置、外循环水路为环形管网设计时，水泵宜采用 $N+X$（$X=1\sim N$）冗余配置。

4.4 冷量分配单元（CDU）

CDU包含板式换热器、二次侧循环水泵（变频水泵）、二次侧循环过滤器、定压装置、泄水口、排气、储液容器、控制单元、操作面板等组件，具有采集一二次侧循环的流量、压力、温度等数据功能，可为液冷服务器的冷板提供稳定循环的冷却液。

4.4.1 CDU 技术指标

CDU 技术指标参数要求见表 4。

表 4 CDU 技术指标参数要求

项目	指标参数
单柜尺寸	600mm × 1200mm × 2000mm（推荐）
额定冷却容量	根据容量计算选取
CDU 额定流量	根据容量计算选取
服务器机柜进水压力	根据冷板与内部流道计算
一次侧管道过滤器精度	≤500μm
二次侧管道过滤器精度	≤200μm
一次侧循环供水流量	根据容量计算选取
单机柜供水流量	根据容量计算选取
噪声规格	空闲状态＜65dB；工作状态＜72dB

续表

项目	指标参数
测试环境	(23±2)℃,平均海拔高度
管道	采用不锈钢管材质,以避免腐蚀

4.4.2 CDU配置要求

4.4.2.1 功能要求

CDU是连接冷板式液冷内循环和外循环的冷却分配单元，具有中间换热、循环动力、温度调节、压力调节、流量调节、运行监测等功能，同时具有灵活扩展，安装、调试、运行简单，维护与故障排除便捷，高可利用性和可靠性等设计特点。

4.4.2.2 使用环境

CDU使用环境要求见表5。

表5 CDU使用环境要求

指标	参数
储存环境温度/℃	−40～70
工作环境温度/℃	10～50
相对湿度(25℃)/%	5～85

4.4.2.3 可靠性与冗余度

① CDU 的关键部件应具有高可靠性，同时对 CDU 整机或关键部件进行冗余配置。

② CDU 供电应采用 UPS 电源，保证断电后能够继续运行。

③ CDU 推荐采用整机备份，$N+X$（$X=1\sim N$）冗余配置。

④ CDU 布置空间紧张或全年可靠运行时间不高的场合，可考虑内循环泵等关键部件冗余。

⑤ CDU 内部宜包含整体防静电衬套。

4.4.2.4 换热能力

① CDU 的内外循环介质及进出口温度设计决定了其内循环泵的选型和换热器尺寸，应综合考虑 CDU 的换热能力和尺寸布局进行部署。

② CDU 的换热器应满足相关国家标准的要求。

③ CDU 推荐选用高效电动机，输入功率应满足每千瓦换热量不大于 0.01kW。

4.4.2.5 运行参数

① CDU 一次侧（高温侧）和二次侧（低温侧）运行参数推荐值见表 6。

表 6　CDU 一次侧和二次侧运行参数推荐值

项目	一次侧	二次侧
冷媒	水溶液（比例按气象标准的防冻要求配置）＋抗腐蚀剂＋抗菌剂	纯水或其他形式的液体＋抗腐蚀剂＋抗菌剂
供回水温度	推荐 32℃/37℃或 33℃/38℃（供水不超过 38℃） 供回水温度在 CDU 的换热温度范围内	供水 40～45℃，供水温度及流量应满足液冷元件的散热要求

② 二次侧水流量应根据热负荷、设计温差进行计算，典型的设计温差为 10～15℃。

③ 一次侧采用冷水机组供冷且 CDU 位于数据中心机房内的，应采取防凝露措施，供水温度不应低于室内露点温度。

④ CDU 二次侧温度变化率每 5min 不应超过 3℃。

⑤ 管道流速与管径推荐值参照表 7，柔性管道流速最大应不超过 1.5m/s，金属管道流速最大不应超过 2.1m/s。

表 7　管道流速与管径推荐值

管径 DN/mm	流速/(m/s)
15	0.4～0.5
20	0.5～0.6

续表

管径 DN/mm	流速/(m/s)
25	0.6～0.7
32	0.7～0.9
40	0.8～1.0
50	0.9～1.2
65	1.1～1.4
80	1.2～1.6
100	1.3～1.8
125	1.5～2.0
150	1.6～2.2
200	1.8～2.5
250	1.8～2.6
300	1.9～2.9
350	1.6～2.5
400	1.8～2.6

4.4.2.6 稳压补水

① CDU应具有气体缓冲、膨胀罐等稳压装置。

② CDU 应具有手动或自动补水装置。

③ 系统检测到稳压装置压力下降至报警位时，提示运维人员手动补水或启动补水泵自动补水，稳压装置压力达到正常位时停止。

4.4.2.7 人机交互与通信

① CDU 宜具有人机交互界面，支持手动和自动模式下的控制。

② CDU 应支持 WEB 远程访问，根据需求支持 RS485/RS232/SNMP 等通信协议。

③ CDU 应具有实时监测功能，包含但不限于一次侧及二次侧的流量、温度、压力监测。

④ CDU 应具有对漏液、凝露、水温异常等情况的报警功能，可将报警信号上传至综合监控平台，并具备严重异常事故下自动切断水路的功能。

4.4.3 板式换热器

采用板式换热器作为服务器液冷系统的核心换热设备，作为 CDU 的一部分设置在其内部。冷却容量为总散热容量的 100%。板式换热器液接材质宜为不锈钢 304 及以上，设计应采用国际先进工艺，具备体积小、换热能力强、换热效率高的特点。板式换热器主要指标推荐值见表 8。

表 8　板式换热器主要指标推荐值

名称	参数	备注
额定冷却容量	根据设计确定	
一次侧循环冷却液	纯水或乙二醇混合液	根据防冻需要确定配比
一次侧循环进水流量	根据设计确定	
一次侧循环进水温度	根据设计确定	
pH 值	6.5～8	考虑循环液的组成(乙二醇、反渗透水及必要时添加的杀菌灭藻药剂,视添加物不同呈现弱酸或弱碱性)及未来维护清洗环境(往往是酸性环境),要求板式换热器本身具有适应弱酸与弱碱液体环境的特性;另外参考《采暖空调系统水质》(GB/T 29044—2012)国标要求,建议 pH 取值为6.5～8
二次侧循环冷却液	纯水或乙二醇混合液	若不需防冻,则宜采用纯水

续表

名称	参数	备注
二次侧循环进水流量	根据设计确定	
二次侧循环进水温度	根据设计确定	
二次侧循环出水温度	根据设计确定	
设计裕量/%	5～20	设计经验系数
设计压力/bar	10	板式换热器通常选型指标
测试压力/bar	15	根据国标《通风与空调工程施工质量验收规范》(GB/T 50243—2016)

注：1bar=10^5Pa。

4.4.4 循环水泵

① 尺寸：满足CDU内置安装要求。

② 数量要求：当CDU采用$N+1$冗余配置时，CDU可采用单循环泵配置。CDU本身没有冗余配置时，应采用CDU内1+1双泵形式。

③ 单个循环水泵可满足整个系统的流量和扬程需求。

4.4.5 过滤器

① 为防止冷却液在快速循环流动中冲刷脱落的刚性

颗粒进入被冷却器件，造成被冷却器件内部损伤或堵塞，应在被冷却器件进水管路设置精度≤200μm 机械过滤器。

② 过滤器两侧设有压力表可监控滤芯污垢程度，以提醒操作人员及时清洗。

③ 液接材质宜为不锈钢 304 及以上材料。

4.4.6 泄水排气装置

CDU 内部管路最高位置宜设有排气阀，能自动、有效地进行气水分离和排气。为方便检修、维护及保养，管道的最低位置应设置排污口、紧急排放口等，并保留足够的检修空间，排污口与相应的排污管道对接。

4.5 管路

4.5.1 一次侧管路

4.5.1.1 管道

① 一次侧管路宜采用环网布置，分支处两端设置关断阀门。

② 一次泵宜为变频运行。

③ 若使用环境温度低，一次侧循环溶液输送管路需考虑防冻，采用电伴热形式。

4.5.1.2 过滤器

一次侧循环水泵进水口宜设置一个一次侧循环过滤器，用于过滤工艺冷冻水，防止一次侧循环液中的大颗粒杂质进入 CDU 循环泵及板式换热器中，避免造成循环泵的损伤及板式换热器的堵塞。

4.5.1.3 连接方式

一次侧管路预留接口需与换热模块 CDU 接口匹配，前端要求带有流量测量功能的电动调节阀、可换芯过滤器、维修阀，并采用金属软管连接方式。

4.5.2 二次侧管路

4.5.2.1 管道

① 二次侧配水管路系统的管道宜按环形供回液管路设置，采用快速装配式进行工程化分段设计、工厂预制化生产，现场分段对接安装，以确保质量、安全和施工的快捷。

② 为保持介质的高纯性，循环管路均采用 304 及以上不锈钢管（接水表面钝化处理）。与冷却液接触的各种材料表面不易发生腐蚀，各种主要部件材料的老化速度保

证至少10年的设计寿命，在设计寿命期内免维护。

③ 所有不锈钢设备、管道焊接都采用氩弧焊工艺，并经过严格的酸洗、脱脂、清洗、漂洗等过程。现场管道安装采用厂内预制、现场装配形式，以确保质量、安全和施工的快捷。

④ 配水管路的配水支路采用304及以上不锈钢金属管从母管导出，经球阀后到快速接头公头为止。环网管路在适当位置添加自动排气阀，保证系统排气正常进行。为方便检修、维护及保养，服务器液冷系统管道的最低位置应设置排污口、紧急排放口等，并保留足够的检修空间。

⑤ 管道穿过机房墙壁和楼板处应设置套管，管道与套管之间应采取密封措施。

⑥ 液冷机柜分集水器与二次侧供回水主管的连接管道推荐进行区分颜色管理。

⑦ 环网管路系统设计确保流量均匀性，满足所有液冷机柜中最大流量与最低流量差异不高于15%。

4.5.2.2 过滤器

① 循环冷却水给水总管和换热设备的给水管宜设置管道过滤器，并定期更换、清洗滤芯。

② 过滤器选择应考虑管道及部件的最小机械间隙，材质推荐304及以上级别的不锈钢。

③ 为防止冷却液在快速循环流动中冲刷脱落的刚性颗粒进入被冷却器件，造成被冷却器件内部损伤或堵塞，

应在被冷却器件进水管路设置精度≤200μm 机械过滤器。

4.5.2.3 连接方式

① 满足工作温度和存储运输温度要求，承压能力不小于 7bar（1bar=10^5Pa），阻燃等级为 HB，符合其他环保类要求。

② 连接安装后不可拆卸。

③ CDU 与一次侧管道推荐采用法兰连接或卡盘金属软管连接；CDU 与二次侧供回水主管道推荐采用卡盘金属软管连接。

④ 液冷机柜分集水器与二次侧供回水主管道推荐采用卡盘金属软管连接。

⑤ 液冷机柜分集水器与二次侧供回水主管的接头推荐进行区分颜色管理。

4.6 冷却液

4.6.1 水质要求

① 一次侧循环水水质应参考当地气候和《采暖空调系统水质》（GB/T 29044—2012）的相关要求。

② 二次侧闭式系统循环冷却水水质指标应根据系统特性和设备的要求确定，并宜符合表 9 的规定。

表 9　二次侧闭式系统循环冷却水水质要求

参数	限值
pH 值	6.5～8
缓蚀剂	需要
灭菌剂	需要
硫化物/(mg/L)	＜1
硫酸盐/(mg/L)	＜10
氯化物/(mg/L)	＜5
细菌/(CFU/mL)	＜100
总硬度(如 $CaCO_3$)/(mg/L)	＜20
总铁/(mg/L)	＜2
总悬浮物/(mg/L)	＜3
蒸发后的沉淀物/(mg/L)	＜50
浊度(浊度计测定)/NTU	＜20

注：CFU 为菌落单位。

4.6.2 防冻处理

① 外循环冷却液中应添加防冻液，内循环管道若处于0℃以下环境，也应进行防冻液添加处理。

② 防冻液宜选择乙二醇水溶液。

③ 乙二醇水溶液浓度配置应满足最低环境温度下的防冻要求，推荐按照表10进行配置。

表10 乙二醇水溶液浓度配置防冻要求

乙二醇浓度/%		冰点(1.007bar)/℃
质量分数	体积分数	
0	0	0
5	4.4	−1.4
10	8.9	−3.2
15	13.6	−5.4
20	18.1	−7.8
21	19.2	−8.4
22	20.1	−8.9
23	21	−9.5
24	22	−10.2

续表

乙二醇浓度/%		冰点(1.007bar)/℃
质量分数	体积分数	
25	22.9	−10.7
26	23.9	−11.4
27	24.8	−12
28	25.8	−12.7
29	26.7	−13.3
30	27.7	−14.1
31	28.7	−14.8
32	29.6	−15.4
33	30.6	−16.2
34	31.6	−17
35	32.6	−17.9
36	33.5	−18.6
37	34.5	−19.4
38	35.5	−20.3
39	36.5	−21.3
40	37.5	−22.3

续表

乙二醇浓度/%		冰点(1.007bar)/℃
质量分数	体积分数	
41	38.5	−23.2
42	39.5	−24.3
43	40.5	−25.3
44	41.5	−26.4
45	42.5	−27.5
46	43.5	−28.8
47	44.5	−29.8
48	45.5	−31.1
49	46.5	−32.6
50	47.6	−33.8
51	48.6	−35.1
52	49.6	−36.4
53	50.6	−37.9
54	51.6	−39.3
55	52.7	−41.1

注：1bar=10^5Pa。

4.6.3 阻垢缓蚀处理

① 循环水的阻垢缓蚀处理药剂配方宜经动态模拟试验和技术经济比较确定，或根据水质和工况条件相类似的运行经验确定。

② 阻垢缓蚀药剂应选择高效、低毒、化学稳定性好及复配性能良好的环境友好型水处理药剂。当采用含锌盐药剂配方时，循环冷却水中的锌盐含量应小于2.0mg/L（以 Zn^{2+} 计）。阻垢缓蚀药剂配方宜采用无磷药剂。

③ 循环冷却水系统中有铜合金换热设备时，水处理药剂配方中应含有铜缓蚀剂。

4.6.4 微生物控制

闭式系统宜定期投加非氧化性杀菌剂。

4.7 供配电

① 循环泵、CDU、电动阀等用电设备，应采用双路供电，其中至少一路为 UPS 电源，且 UPS 为主电源。

② 两路电源经电源切换开关后分别接入动力部件，同时对进线电源状况进行实时监控，电源故障以及当前工作电源回路等状态信息都实时上传。

③ 现场必须提供可靠接地，确保设备运行的稳定和安全。

5

测试和验证

冷板式液冷系统设备出厂前应进行与设备相关的试验，并满足相关国家和行业标准及设计要求。系统投入使用前，应进行以下试验。

5.1 外观质量

① 液冷系统应设金属制永久性铭牌。

② 液冷系统适当位置应附有电气原理图，原理图应正确、清晰、无锈蚀、不脱落。

③ 液冷系统运行时可能对操作者造成伤害的部分和需调整的位置应设置明显的警示或标示。

④ 说明性文字宜采用中文和英文。

⑤ 液冷系统外壳和面板涂覆应为符合 GB/T 3181—2008 的规定，涂层应具有抗老化、耐溶剂和抗冲击的能力。

⑥ 检查泵、测量仪表等组件的安装情况。

⑦ 检查电气部分的电气配线、标识和编号等是否符合设计文件及有关标准的规定。

5.2 性能试验

① 液冷系统各关键部件应提供相关试验报告，并符合相关国家和行业标准的规定。

② 关键部件包含但不限于冷却塔、水泵、CDU、分集水器、冷板、快插接头及软管等。

③ 热性能测试：验证各流量、各温度下的热性能，便于确认机房流量和温度设置需求。

5.3 水质性能试验

根据4.6小节中冷却液各项指标的要求，测量系统启动后各水质指标的变化情况，评估液冷却设备的冷却液质量控制能力。

5.4 水力性能试验

① 通过测量液冷却系统工作时供水压力与流量的关系，考核液冷却设备的水力性能。

② 试验可采用模拟方式进行，根据业主提供的被冷却器件的流量与水压差，用近似水压差的其他部件替代被冷却器件进行试验。

③ 启动主循环泵，通过调整冷却设备供水阀门阀位，测量流量和压力。流量在1.0～1.3倍额定流量范围内，则认为合格，并作流量-压力曲线，测试主循环泵工作点。

5.5 环境适应性（液冷系统各组成产品）

5.5.1 液冷系统工作在额定功率的条件

海拔高度≤3000m、环境温度为5～40℃、相对湿度为 5%～85%（25℃）。

5.5.2 温度

工作温度为 10～50℃、储存温度为−40～70℃。

5.5.3 海拔高度

海拔高度范围：0～3000m。

5.5.4 盐雾

液冷系统应采用防腐材料并经防腐蚀处理，盐溶液浓度为 5%±1%，温度为 35℃±2℃；盐雾沉降率为（1～3)mL/(80cm^2·h)；交替进行 24h 喷盐雾和 24h 干燥，共进行 96h，试验后应能正常工作。

5.5.5 霉菌

液冷系统应具有抗霉菌能力，试验霉菌为所有菌种的混合悬浮液，试验周期为 28d，试验后应能正常工作。

5.6 工作方式

5.6.1 运行额定功率

液冷系统在5.5.1小节规定的环境条件下应能按额定工况正常地连续运行12h。

5.6.2 连续运行额定功率修正

液冷系统连续运行12h后，其输出功率应为按泵额定功率的90%折算后的电功率，但此电功率最大不得超过液冷系统的额定功率。

5.6.3 高温环境额定功率修正

按照环境温度超过35℃后，环境温度每升高10℃，功率下降4%，对液冷系统的输出功率进行修正。

5.6.4 高海拔额定功率修正

液冷系统的工作条件比5.5小节规定的条件恶劣时，其运行的规定功率允许进行修正，4000m海拔高度时运行功率下降值不应超过10%，5000m海拔高度时运行功率下降值不应超过20%。

5.7 可靠性

液冷系统平均故障间隔时间（MTBF）≥50000h。

5.8 维修性

液冷系统基层级平均修复时间（MTTR）≤0.5h。

5.9 保障性

液冷系统保障性要求至少应包括下列内容：

① 具备技术说明书、使用维修手册和履历书等技术材料；

② 具备必要的备件，备件清单详细、准确，备件包装、存放合理；

③ 提供必要的专用维修工具；

④ 提供关键零部件供货单位名单；

⑤ 确定合适的防护、运输、储存方式及有关约束条件。

5.10 测试性

液冷系统相关部件应具有内部检测功能，故障信息可指示定位到可更换单元，并能通过通信接口输出故障信息，为维修检测系统提供支持。

5.11 安全性

5.11.1 接地试验

试验前断开控制柜的电源，并清除测量点的油污，采用直接测量法，将仪表的端子分别与主接地端子、柜壳（或应接地的导电金属件）连接，检验可触及金属部分与主接地点之间电阻，测量值不超过0.1Ω。

5.11.2 绝缘电阻

液冷系统各独立电气回路对地及回路间绝缘电阻应符合GJB 367—2001中3.15条的相关规定。

5.11.3 介电强度

液冷系统各独立电气回路对地及回路间应能承受GJB 367—2001中3.16条规定的绝缘介电强度试验而无击穿或闪络现象。

5.11.4 压力管道水压试验

① 应满足《给水排水管道工程施工及验收规范》（GB 5026—2017）等国家标准的要求。

② 冷却系统设备及管道设计压力不低于6.9bar（1bar=10^5Pa，下同），试验压力为10bar；试验时间为1h，设备及管道应无破裂或渗漏水现象（试验时，短接与被冷却器件对接处的管道）。

③ 换热设备设计压力不低于6.9bar，试验压力为10bar，试压时间1h。

5.12 噪声

测量点距离液冷系统 1m、高度 1m，液冷系统在空闲状态时各侧面噪声声压级的平均值应不大于 65dB，正常工作状态时各侧面噪声声压级的平均值应不大于 72dB。

5.13 电磁兼容性

符合服务器电磁兼容性要求的相关测试项的规定，并应符合实际使用环境要求。

5.14 报警功能

5.14.1 高水压报警

液冷系统冷却水压力高于安全上限值时预警，提示运维人员进行维保。

5.14.2 低水温报警

液冷系统冷却水供水温度低于安全下限值时预警，提示运维人员进行维保。

5.14.3 高水温报警

液冷系统冷却水供水温度高于安全上限值时预警，保护装置立即动作，提示运维人员进行维保；液冷系统冷却水回水温度高于安全上限值时预警，提示运维人员进行维保。

5.14.4 低水流量报警

当冷却水流量低于安全上限时预警，提示运维人员进行维保。

5.14.5 漏液报警

漏液检测是指采用绳式或其他形式的传感器来检测服务器级、机架级及设施级的液体渗漏。漏液检测可与以机架或设施为基础的控制器进行结合，在发生渗漏时，将数据通信设施的级别下调，能以声光形式报警，提示运维人员进行维保，同时水切断阀立即动作，使渗漏处与机架隔离。

5.15 操作与显示

液冷系统控制箱应能够进行启动/停机操作，能够监测压力降、流量、进出水温度等信息，并能够进行报警。

5.16 模拟通信与接口试验

① 根据控制保护系统确定的通信接口要求，进行通信与远程控制功能试验。

② 控制系统应能准确地把相关系统的运行状态、告警报文、在线运行参数正确上传至控制保护系统。

③ 控制系统与控制保护系统之间的控制动作应正确联动，控制保护系统应及时、正确地响应设备控制系统的跳闸指令，设备控制系统应及时、正确地响应控制保护系统的运行与停运指令等。

6

监控与控制

6.1 总体要求

可实现对液冷系统的可靠、高效运行调控，同时满足对液冷系统各类运行参数的实时在线监测等功能要求；监控功能丰富、保护功能完善、操作简便，具有完善的风险监控与故障报警能力；系统可实现与其他监控管理系统数据的通信和集成。

6.2 系统组成

监控系统由控制器、低压电器元件、触摸屏及控制柜等组成，可通过以太网通信访问控制；液冷系统各机电单元及传感器由控制器自动监控运行，系统运行参数和报警信息即时传输至主控制器，并可通过主控制器远程控制液冷系统各运行单元。

6.2.1 电源监控

对进线电源状况进行实时监控，当前工作电源回路等状态参数信息都实时上传，包括并不限于电压、电流、开关状态等。

6.2.2 设备保护

对液冷系统控制的主循环泵、补液泵、冷塔风机等各主要设备设置状态指示灯，指示设备当前运行状态，对泵的短路、过流、过压和掉相保护等报警信息实时上传。

6.2.3 控制器、仪表与传感器

6.2.3.1 控制器

控制器可实现液冷系统的采样、监控及通信功能。控制系统可在现场环境下可靠稳定运行，采用以太网与上位机通信，留有满足上层网络要求的软、硬件通信接口。

6.2.3.2 仪表与传感器

液冷系统选用的流量、温度、压力、电导率、液位等仪表与传感器，应具备高可靠性、稳定性、便于操作和维护性，测量精度应满足工艺系统监控的要求。

6.3 监控要求

6.3.1 监测内容

（1）环境

监测机房冷热通道环境温湿度、室外环境干湿球温度。

（2）室外冷却塔

监测进风干湿球温度、出风干湿球温度。

（3）冷源机组

监测电动阀、电动补液阀、电动排液阀、风机、液泵、液位等。

（4）一次侧管路

监测出液温度、进液温度、液泵进口压力、液泵出口压力、液泵过滤器进口压力、管路电动阀、管路电伴热、定压补液装置等。

（5）二次侧管路

监测管路泄漏监测等。

（6）CDU

监测一次侧进液温度、一次侧进口压力、一次侧出液温度、一次侧出口压力、管路泄漏报警、二次侧进液温度、二次侧进口压力、二次侧出液温度、二次侧出口压力、二次侧循环液流量、补液泵、储液罐液位等。

（7）配电箱的电力电量

监测电压、电流、功率和电能等。

（8）传感器

监测系统内安装的温度传感器（环境温度、管道温度）、环境湿度传感器、压力传感器、流量传感器的数据。其中温度传感器延迟时间≤10s，压力传感器延迟时间≤5s，流量传感器延迟时间≤5s。

（9）开关阀

监测开关阀位于打开（ON）或关闭（OFF）位置。

（10）调节阀

监测调节阀开度值。

（11）液泵

监测液泵运行状态、频率参数，满足供冷要求，过载、过压、缺相等报警信息。

（12）风机

监测风机运行状态、频率参数，满足制冷要求，过载、过压、缺相等报警信息。

（13）冷塔

监测冷塔进出液温度，集液盘液温、集液盘液位。对冷却塔的当前运行状态、电动阀、电动补液阀、电动排液阀、风机转速、液泵转速、储液罐液位等运行参数进行监测。

（14）一次侧

监测冷塔出液温度、冷塔进液温度、液泵进口压力、液泵出口压力、液泵过滤器进口压力、管道电动阀、管道电伴热、定压补液装置等。

（15）配电箱

监测配电箱的电压、电流、功率和电能等。

（16）定压补液装置

监测定压补液装置的运行状态及报警信息。

（17）液质

监测系统液质浊度及电导率等相关参数。

（18）其他设备

所使用设备均需提供运行状态及有无报警信息。

6.3.2 控制要求

6.3.2.1 总体要求

液冷系统应具备自动和手动控制功能，能够保障液冷系统各单元可靠、高效、自动运行控制，并满足对液冷系统环境及运行参数的在线监测和远程调控等要求。

① 监控范围内所有设备均需提供标准数据通信接口。

② 系统监控主机需采取冗余配置。

③ 控制器能够控制冷却塔风机转速、循环液泵转速及调节阀门开度。

④ 系统可根据监测压力，自动进行补液，保证系统冷媒量在正常范围内。

6.3.2.2 一次侧自控要求

① 具备系统压力监测和自动补液功能。

② 具备一次侧循环液泵的变频调节功能、主备用自动切换功能。

③ 对冷却塔及储液罐等设备的运行状态及运行参数进行实时监测，针对故障进行报警并上传报警信息。

6.3.2.3 二次侧自控要求

① CDU 控制系统支持自动控制、手动设定、报警日志、远程监控等。

② 温度控制。应保证二次侧供液温度稳定在设定值；依据供液温度变化，通过电动三通阀对一次侧供液流量进行自动调节，温度允许波动值可根据情况手动设定。

③ 流量控制。应实现对各个机柜供液流量的独立调控，实现流量分配与 IT 设备发热量匹配。

④ 循环泵控制。循环泵自动变频控制；自动控制系统供液压差稳定在设定值，应在异常时自动切换主备用泵并报警，应支持自动运行模式下的手动切换控制；压力波动值可根据情况手动设定。

6.4 人机交流界面

人机交流界面可实时显示试验装置各监控参数，可就地操作及设定参数，实时显示报警信息。面板宜采用触摸屏，控制系统可通过触摸屏控制实现手动模式、自动模式、停止模式。

6.4.1 手动模式

操作面板选择手动模式，液冷系统处于手动操作模式；主循环液泵可通过触摸屏按键进行手动操作；手动模式运行时一般在系统检修维护及调试时采用；液冷系统处于手动模式时，控制系统输出跳闸信号。

6.4.2 自动模式

在自动模式下，液冷系统接收就地启动或远程启动指令后，液冷系统自动启动，并根据整定参数监控液冷系统的运行状况和检测系统故障。根据设定值自动控制冷却液温度，根据设置的报警级别，对液冷系统运行参数的超标及时发出报警，当参数严重超标有可能影响被冷却器件运行安全时，自动发出跳闸警报。

主循环泵、CDU循环泵等控制器根据实际工作条件进行自动控制，此时各设备在触摸屏手动启停按键操作下无效。

液冷系统于自动模式下，停运时，输出停运信号。

6.4.3 停止模式

液冷系统处于停止操作模式时，主循环泵、CDU循环泵等都处于停止状态，在控制柜面板按钮及触摸屏操作面板上不能进行任何操作。

6.5 控制逻辑

6.5.1 循环泵逻辑

主循环泵变频控制运行，通常情况下，主循环泵只接收上位机发出的停止命令，液冷系统不能自行决定停运；循环泵应根据循环系统设定的故障报警信息或轮巡模式，自动实现切换，也可手动切换。

6.5.2 温度控制逻辑

一次侧供液温度可通过对三通阀的调节来进行控制；根据供液温度变化，自动调节电动三通阀开度，实现一次侧液冷循环回路的正常运行。

6.5.3 仪表故障逻辑

仪表故障逻辑说明：传感器异常，发出报警信号并上传至上位机，但不能引起相关的误报和误动作。故障仪表恢复正常后，相关控制功能恢复。

6.5.4 电源逻辑

液冷系统检测到工作动力电源故障，立即切换至备用电源。

控制电源全部掉电时，发出掉电报警（液冷系统仍能运行）信号。控制电源应采用 UPS 电源作为主供电源。

6.5.5 开机通行逻辑

只有确认液冷系统运行稳定，完全准备就绪后，才允许投入运行，待冷却设备或系统投入运行后，开机通行信号不作为控制用。

6.5.6 请求停液冷逻辑

液冷系统存在以下故障之一时，向上位机发送请求停液冷信号，此时液冷系统输出跳闸信号至上位机。

① 冷却液流量超低与供液压力低。

② 冷却液流量超低与供液压力高。

③ 供液压力超低与回液压力超低。

④ 液冷系统泄漏。

6.5.7 泄漏及渗漏逻辑

① 液冷系统泄漏时发出报警信号，自动隔离该支路冷却液循环，必要时增加人工确认环节。

② 液冷系统渗漏时发出报警信号，不设置自动隔离，只需经由人工确认。

6.5.8 告警屏蔽逻辑

液冷系统存在非关键的预警报警时，为保证能使换流阀紧急投运，操作面板上设置“预警屏蔽”和“预警屏蔽解除”按键。

6.5.9 其他

① 控制器接收处理传感器信号并根据设定的上下限，输出低温预警、高温预警和温度波动跳闸信号。

② 控制器接收并处理传感器信号，根据设定限值输出预警及跳闸信号。

③ 控制器接收各在线传感器信号并显示其在线值。

6.6 远程传输

在自动状态下，可由主控制器远程启停机。液冷系统启/停机后，向主控制器发送“液冷系统启/停运”信号，并在线监测数据及将报警信息传送至上位机监控及调节系统。

6.6.1 开关量输入节点

① 启动液冷系统。

② 停止液冷系统。

6.6.2 开关量输出节点

① 预警（液冷系统有轻微故障，但不影响被冷却器件的运行）。

② 跳闸（危害被冷却器件运行的工况，包括控制器故障、电源掉电、泄漏等，主控制器收到信号后应立即停运被冷却器件）。

③ 请求停液冷（危害液冷系统运行的工况。上位机收到该信号后停运被冷却器件，被冷却器件完全停运后需停运液冷）。

④ 液冷系统运行/停运。

6.6.3 在线显示的实时运行参数

① 二次侧循环供液压力。

② 循环泵进口压力。

③ 二次侧循环供/回液温度。

④ 一次侧循环供/回液温度。

⑤ 二次侧循环液流量。

6.6.4 状态量

各主要机电单元状态均应在上位机液冷流程图上显示。

6.7 管理要求

6.7.1 权限要求

针对不同级别的人员，可设定不同的管理权限。

6.7.2 界面要求

界面可以形象、直观地显示阀门开关状态、液流状态及温度、压力、风机、液泵的运行频率等数据。

6.7.3 报警要求

报警分为两个级别：预警和报警。

预警是指到采集数据预警范围或数据变化过快，系统发出预警信息。

报警是指采集数据到报警范围或设备有故障报警，系统发出报警信息。

报警时，要求界面能显示故障点，并有报警声音提示。

6.7.4 数据存储要求

可设置保存运行数据的时间频率；全部运行数据及报警信息要进行记录和保存，数据应保留 12 个月以上。

7

运营维护

7.1 项目管理

① 提供全天候数据中心运营保障服务，基础设备设施现场进行全天候值班、巡检服务、故障处理，确保相关设备设施工作稳定、正常。

a. 对主设备的巡视，至少每 6h 需进行一次。

b. 建立巡视管理制度，对巡检表格进行存档，存档保留时间不少于 1 年。

② 提供定期预防维护服务，根据厂家提供的设备维保手册，提供基础性预防性维护作业，确保设备安全、稳定运行，质保期内配合原厂服务商提供深度的维保服务。质保期外提供基础的维保服务。

a. 编制标准版的 PPM 文件，按照作业指导书进行维护作业。

b. 建立设备维护档案，对档案进行存档，存档保留时间不少于 1 年。

③ 建立故障分级制度，按照设备出现故障时对数据中心运营产生影响的大小，对各种故障现象进行评估分

级，按照分级制度建立健全故障响应汇报机制。

a. 编写各项应急操作手册，验证正确性，并定期进行演练。

b. 编制标准的 SOP、EOP、文件，放置于相应设备周边，按照其内容进行正常操作及事故处理。

④ 建立各项运行管理制度并贯彻执行。

⑤ 建立风险预警管理制度并贯彻执行。

⑥ 建立容量管理制度并贯彻执行。

⑦ 建立能效管理制度并贯彻执行。

⑧ 建立数据安全管理制度并贯彻执行。

⑨ 建立备品备件管理制度并贯彻执行。

⑩ 建立第三方施工管理规定并贯彻执行。

⑪ 建立消防安全管理制度并贯彻执行。

7.2 人员管理

7.2.1 人员要求

基础设施运维人员的配备应根据运维管理目标或 SLA 来确定。上岗人员应具备国家要求的相应资格证书，包括：高压电气设备操作证、低压电气设备操作证、制冷设备操作证、制冷设备维修证、暖通工程师证。

应在运维管理程序中明确规定资质等级与操作权限的一致性。

① 要求具备高低压配电、UPS、开关电源、蓄电池、动力环境监控、水泵、冷却塔、水处理装置、管道、空调环境监控等专项技能。

② 运维团队的关键岗位应有人员备份和储备。

7.2.2 人员管理制度

为了保障基础设施运维团队的创新性、稳定性、持续性，应通过建立合理的人员管理制度，约束人员的工作态度和行为规范，提高人员的工作热情、工作效率和执行力，运维团队应该建立运维人员的各项管理制度。管理制度应包含但不限于：

① 人员考勤制度；

② 日常行为规范制度；

③ 员工奖惩制度；

④ 人员晋升制度；

⑤ 人员培训制度。

7.3 安全管理

安全生产是企业生产发展的一项重要方针，必须贯彻“安全生产、预防为主、全民动员”的方针，不断提高全体员工的安全意识，落实各项安全管理措施，保证生产经营秩序的正常进行。根据国家有关法律、法规，结合公司的实际情况制定安全管理制度。

7.3.1 运维人员应建立安全生产管理体系

① 制定安全管理工作的总体方针和安全策略，说明安全工作的总体目标、范围、原则和安全框架等，并编制形成安全制度文件。

② 定期组织相关人员对制定的安全管理制度进行论证和审定，对存在不足或需要改进的安全管理制度进行修订。

③ 安全管理制度应通过正式、有效的方式发布，应注明发布范围，并留存三年收发记录。

7.3.2 人员安全

① 正确佩戴和使用PPE，落实各项安全措施。

② 对违章违纪者要制止并及时向上级报告。

③ 新员工、外来施工人员要进行上岗前安全教育，经考核合格后方可上岗施工。

④ 作业现场要清洁，工具、物品、物料放置整齐有序；安全通道要畅通，安全防护、消防设备齐全有效；安全色标、安全标志齐全完好。

7.3.3 消防安全日常管理

① 自动消防设施应当由具有相应资质的单位和人员定期进行巡检及维护，并做好相应的维保记录。

② 消防控制室应当保持不得少于两名持证人员24h不间断值班。

③ 由具有相应资质的单位至少每年进行一次消防设施全面检测，检测报告应当报送公安机关消防机构。

④ 建立消防设施故障报告与维修闭环流程，并记录故障与维修详情。

⑤ 落实人员定期组织防火检查，及时消除火灾隐患。

WWW. ODCC. ORG. CN